MÉMOIRE

SUR

LA PANCRÉATINE

Poissy. — Typ. de S. Lejay et Cie.

MÉMOIRE

SUR

LA PANCRÉATINE

ÉTUDE DE CHIMIE PHYSIOLOGIQUE

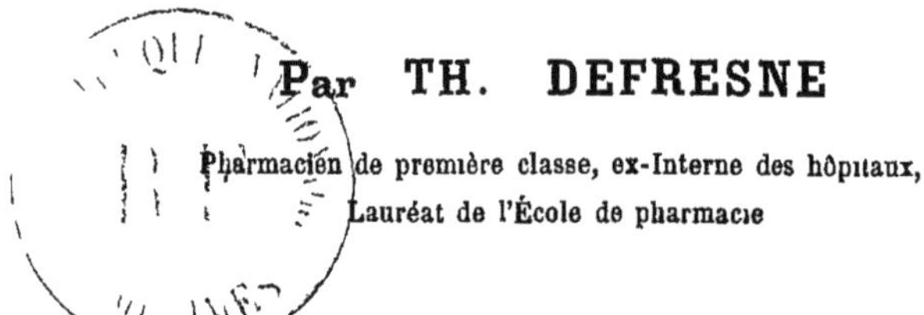

Par TH. DEFRESNE

Pharmacien de première classe, ex-Interne des hôpitaux,
Lauréat de l'École de pharmacie

PARIS

J.-B. BAILLIÈRE et FILS

LIBRAIRES DE L'ACADÉMIE DE MÉDECINE

Rue Hautefeuille, 19, près du boulevard Saint-Germain

Londres	**Madrid**
BAILLIÈRE, TINDALL AND COX	CARLOS BAILLY-BAILLIÈRE

1872

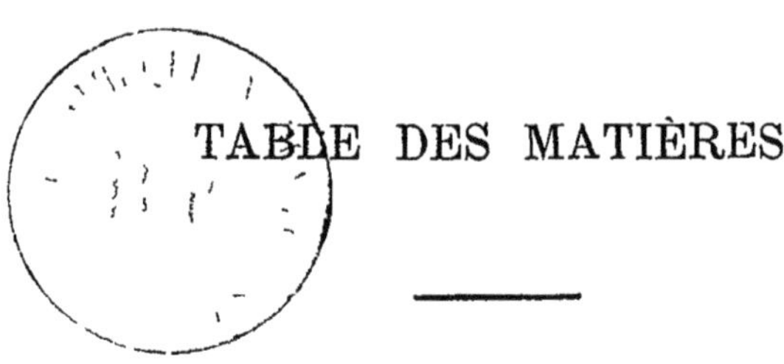

TABLE DES MATIÈRES

INTRODUCTION

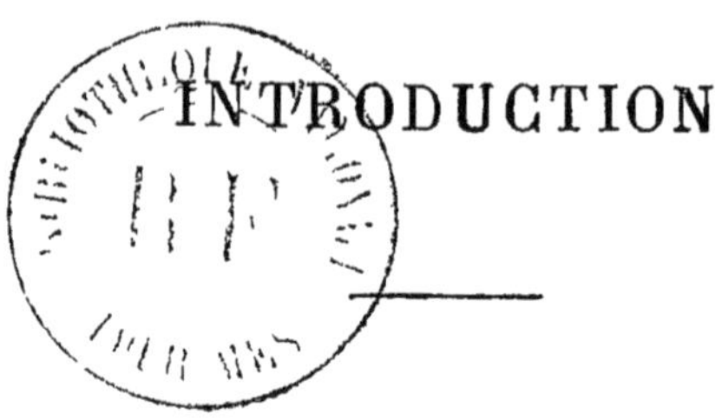

Après avoir consulté les ouvrages d'Éberle de Tiede-
mann et Gmelin, de Magendie, Bouchardat et autres sa-
vants physiologistes sur le pancréas, et surtout les beaux
travaux de M. Claude Bernard, en 1846; après avoir reconnu l'importance de cette glande dans l'acte de la digestion, on pouvait se demander, s'il n'était pas possible
d'isoler son principe actif et d'en enrichir la thérapeutique.

Je ne sache pas qu'en France l'essai ait été tenté avec
succès, mais en Angleterre, c'est un fait accompli. A l'ins-
tigation du Dr Dobell. de Londres, M. Schweitzer, alors
attaché au laboratoire de MM. Savory et Moore, cher-
cha à isoler la pancréatine, et se basant sur les idées de
M. Dobell qui, conduit par l'induction et par des observations nombreuses, vit dans les corps gras modifiés par
le suc pancréatique un remède aux maladies de poitrine,
M. Schweitzer, disons-nous, s'appliqua surtout à modifier

les graisses d'une manière stable à l'aide de la pancréatine.

De mon côté, connaissant les résultats de M. Schweitzer, sans connaître ses moyens, j'ai essayé et réussi à préparer la pancréatine et l'émulsion des corps gras.

MÉMOIRE

SUR

LA PANCRÉATINE

CHAPITRE PREMIER

CARACTÈRES PHYSIQUES ET CHIMIQUES DE LA PANCRÉATINE

La pancréatine peut être considérée comme du suc pancréati que épaissi ; elle a l'aspect d'une poudre blanchâtre très-hygrométrique ; elle est soluble dans l'eau, formant ainsi une liqueur visqueuse, gluante, un peu opaline. La pancréatine est en partie insoluble dans l'alcool qui, ajouté en petite quantité dans une solution, la laisse limpide ; une nouvelle addition la rend opaline, tandis qu'un excès précipite la partie albuminoïde complexe que M. Cl. Bernard a désignée, à juste titre, comme étant le principe actif du suc pancréatique.

La pancréatine est complétement insoluble dans l'éther qui ne l'altère pas ; son odeur est animalisée ; il en est de même de sa saveur. MM. Magendie et Cl. Bernard ont trouvé que le suc pancréatique était toujours alcalin, quelle que fut sa qualité ; or, la pancréatine est acide, et je vais essayer d'établir que si le suc pancréatique recueilli par ces messieurs à l'aide d'une fistule, est alcalin, son principe actif néanmoins est acide.

En effet, j'ai bien souvent frotté un papier de tournesol à des pancréas, et chaque fois la réaction était acide. Je suis allé aux abattoirs, et là, j'ai vu sacrifier des porcs immédiatement après leur repas ; le pancréas ouvert était rosé et avait une réaction acide ; d'autres porcs, abattus longtemps après leur repas, m'ont encore présenté un pancréas acide : la glande était alors plus pâle. Non content de ce résultat, je voulus connaître la réaction du ferment pancréatique lui-même, et, à cet effet, je m'appuyai sur les expériences des physiologistes et sur les miennes propres ; toutes concourent à établir que la partie albuminoïde complexe, précipitée par l'alcool, est le principe actif. Ce ferment isolé, je le lavai à l'alcool, puis à l'éther; sa solution filtrée est acide. Comme nous le verrons plus loin, ce ferment paraît être le résultat d'une combinaison ou d'un mélange de matière albuminoïde et d'acide lactique.

Action de la chaleur. — La chaleur coagule la partie albuminoïde de la pancréatine entre 65 et 70°. La potasse ne redissout pas le coagulum à froid, mais à chaud, et la liqueur devient presque limpide, sauf quelques imperceptibles flocons. Le ferment pancréatique, quoique rendu ainsi soluble, n'en est pas moins profondément altéré; en effet, si l'on filtre la liqueur, la chaleur et l'alcool n'y déterminent plus de coagulum; mais si l'on ajoute de l'acide chlorhydrique, de manière à saturer la potasse, un précipité apparaît. Il se forme donc, si j'ose m'exprimer ainsi, une combinaison dans laquelle la partie albuminoïde joue le rôle d'acide.

Action des acides. — Les acides énergiques précipitent le ferment pancréatique; si l'on y ajoute de la potasse en excès, le précipité se redissout presque entièrement, le ferment est détruit, comme nous l'avons vu plus haut, car la liqueur ne se coagule plus par l'alcool ni par la chaleur; les acides seuls y déterminent encore la précipitation du ferment altéré. Les acides organiques, tels que les acides acétique, tartrique et citrique, ajoutés avec discrétion, n'y causent aucun précipité et laissent la liqueur parfaitement coagulable; ces acides mis en excès font naître de légers flocons dans la liqueur; tout n'est pas altéré, car filtré, le liquide se coagule encore, mais un grand excès d'acide précipite complétement la partie albuminoïde qui se dissout dans la potasse comme précédemment. L'acide phénique ne trouble pas les solutions pancréatiques. L'acide tannique précipite et altère le ferment.

Action des bases. — Les bases fortes versées en très-faible quantité semblent n'y rien produire; mais une nouvelle addition, très-faible d'ailleurs, blanchit la liqueur qui n'est pas complétement altérée, car le liquide filtré se coagule encore par la chaleur et précipite par l'alcool. Un excès de solution basique rend la liqueur presque limpide; cependant on y remarque d'imperceptibles flocons, le ferment est alors profondément altéré; la chaleur et l'alcool ne le précipitent plus.

Action des sels alcalins et métalliques. — Les sels alcalins n'altèrent pas les solutions de pancréatine; l'iodure de potassium ne trouble pas les liqueurs qui conservent toutes leurs propriétés.

Si l'on mêle une solution concentrée de pancréatine à son poids de sulfate de magnésie, le liquide filtré qui s'écoule est coagulable par la chaleur et l'alcool. Les sels métalliques précipitent le ferment pancréatique. Le bichlorure de mercure y cause un précipité insoluble dans un excès de solution pancréatique.

La liqueur de sous-acétate de plomb forme dans les solutions de pancréatine un précipité complexe que l'hydrogène sulfuré décompose, le ferment ainsi mis en liberté est altéré. En effet, je répétai plusieurs fois ces expériences, et chaque fois la liqueur séparée du sulfure de plomb ne présentait aucun des caractères de l'albumine pancréatique; elle était fortement acide et ne se précipitait ni par la chaleur ni par l'alcool. Sans doute le ferment, dégagé de sa combinaison plombique, était coagulé par l'acide libre de la liqueur; mais d'où venait cet acide et quel était-il ? Ce n'était pas l'hydrogène sulfuré qui causait ce phénomène, car une solution de pancréatine sursaturée par ce gaz a une réaction acide; la liqueur est opaline, mais elle se coagule par l'alcool et la chaleur; le ferment n'y est donc pas altéré. Ce ne pouvait être de l'acide chlorhydrique, car le gaz hydrogène sulfuré était préalablement lavé; il me semblait impossible que ce fût de l'acide acetique, car le sous-acétate de plomb était basique ainsi que les liqueurs ayant lavé le précipité; ce dernier lui-même était neutre. Cependant le fait est certain, car la liqueur ainsi précipitée par l'hydrogène sulfuré fut portée à l'ébullition pour en chasser celui-ci, puis distillée; le produit était acide; saturé par la soude, et évaporé, il donnait toutes les réactions des acétates : coloration rouge-brun avec le perchlorure de fer, dégagement d'un gaz acide, lorsque chauffé avec l'acide sulfurique, production d'oxide de cacodyle en présence de l'acide arsénieux et d'un excès d'alcali.

Toutes ces propriétés sont celles de la pancréatine; mais il est bon, je crois, de connaître aussi les propriétés physiques et chimiques du ferment lui-même, débarrassé de la partie soluble dans l'alcool par quatre précipitations successives. Comme on peut s'y attendre, les phénomènes sont à peu près les mêmes, mais plus nets.

Le ferment pancréatique peut être réduit en une poudre blanche assez hygrométrique; il est insoluble dans l'alcool et l'éther, soluble dans l'eau qu'il rend sirupeuse; il est acide. Vers 65°, la chaleur y détermine des flocons albuminoïdes; cette albumine coagulée, recueillie avec soin sur un filtre, est neutre au tournesol, soluble dans une solution concentrée de potasse, sauf quelques légers flocons et reprécipitable par les acides.

La liqueur séparée de la partie albuminoïde est acide ; évaporée à siccité, le résidu est soluble dans l'eau, l'alcool et l'éther : c'est de l'acide lactique impur.

Action des bases. — Les bases fortes, ajoutées en très-petite quantité, donnent lieu à un précipité dans sa solution ; un excès de base éclaircit la liqueur, mais il reste un léger nuage que la chaleur ne dissipe ni n'augmente.

L'acide chlorhydrique ajouté, sature la base et le ferment altéré se précipite.

Résumé. — Lorsque les acides ou les bases ont été ajoutés en quantité notable, quelque précaution qu'on prenne ultérieurement pour saturer la base ou l'acide, la substance albuminoïde a perdu ses propriétés, la liqueur ne se coagule plus par la chaleur, l'alcool n'y détermine aucun trouble.

Mais il n'en est pas de même si nous employons les acides énergiques ou les bases énergiques, dilués.

Dans l'un et l'autre cas : lorsque l'on agit avec ménagement, un léger trouble se produit ; si l'on verse d'abord un peu d'acide dilué, une base ajoutée avec discrétion, rend de nouveau la liqueur limpide ; si l'on en verse un léger excès, la liqueur se trouble de nouveau et ne s'éclaircit cette fois que par l'addition de l'acide dilué. On peut continuer un assez long temps cette expérience, passant tour à tour d'une solution acide à une solution alcaline, sans que le liquide perde rien de ses propriétés ; car, redevenu limpide, il se coagule sous l'influence de la chaleur, précipite lorsqu'on y ajoute de l'alcool et redevient limpide si l'on y verse de l'eau.

Comme on le voit, le suc pancréatique peut être indifféremment acide ou basique sans que ses propriétés en soient altérées. Le suc pancréatique basique débouche dans le duodénum où il devient acide en se mêlant au chyme, imbibé de suc gastrique, incomplétement saturé par la bile, sans rien perdre de son activité. Au contraire, comme nous le verrons plus loin et comme l'a signalé M. Meisner, il n'agit bien que dans un milieu acide, autrement la fermentation putride s'établit bientôt.

La pancréatine ordinaire laisse environ 10 0/0 de résidu insoluble. La pancréatine pure, c'est-à-dire le corps qui peut représenter le suc pancréatique desséché, laisse tout au plus 1 0/0 de résidu. La pancréatine pure en solution cède à l'acool fort 48.3 0/0 ; le précipité albuminoïde soluble dans l'eau se monte à 51.7·0/0. Sur 100 gram. de pancréatine pure dissoute dans l'eau, la chaleur y détermine un coagulum s'élevant à 5 0/0. La pancréatine sèche se conserve, bien dans des flacons bouchés hermétiquement; mais ses solutions s'altèrent rapidement, et l'on peut suivre ce phénomène en constatant la disparition graduelle de la partie albuminoïde dans la liqueur. Par un temps orageux la solution peut se gâter du jour au lendemain.

Une solution faite le 3 octobre 1869 s'altéra ainsi d'une manière évidente; le 5 octobre, l'odeur était désagréable et des flocons commençaient à se déposer; le 10, la chaleur y faisait encore naître un léger coagulum; le 15 il ne s'en formait sensiblement plus; la liqueur étant filtrée et évaporée, une partie était soluble dans l'alcool, l'autre partie, insoluble, était acide et soluble dans l'eau.

CHAPITRE II

ACTION DE LA PANCRÉATINE SUR LES MATIÈRES GRASSES.

La pancréatine, de même que le suc pancréatique, jouit de la propriété d'emulsionner les corps gras et cela d'une manière stable. La graisse ainsi modifiée, ne présente plus au microscope des cristaux aciculaires, mais une sorte de fine poussière ou de nébulosité en suspension dans l'eau ajoutée. La liqueur est laiteuse; certains globules de graisses s'y reconnaissent dans le même état que dans les vaisseaux lactés qui partent du mésentère. Quant aux propriétés de cette graisse, ainsi modifiée, je suis de l'avis de M. Claude Bernard (1), et je prouverai que le corps gras modifié par la pancréatine est plus ou moins dédoublé en acides gras émulsionnables et en glycérine.

La pancréatine, nous l'avons vu, est faiblement acide. Cependant, si on la dissout dans très peu d'eau et qu'on l'agite avec un corps gras, celui-ci devient rapidement miscible à l'eau. Au bout d'une heure, on peut constater que le corps gras, séparé par l'éther, est devenu acide. Si l'eau n'est pas en assez grande quantité pour transformer tout le corps gras solide en une émulsion crèmeuse, il arrive d'abord que la margarine, la stéarine et l'oléine se dissocient; les deux premières formant avec l'eau une émulsion concrète, tandis que l'oléine s'interpose entre leurs molécules et vient parfois nager à la surface, ce qui permet de la recueillir et de l'étudier. Cette partie non émulsionnée du corps gras n'en est pas moins profondément modifiée, car si on l'agite avec de l'eau, elle s'y mélange parfaitement en formant une crème blanche, à réaction acide. Cette oléine modifiée est soluble dans l'alcool qui, par évaporation, l'abandonne à l'état liquide. La partie qui est émulsionnée, reprise par l'éther, est soluble dans l'alcool bouillant; par refroidissement, il s'en précipite une partie qui n'est autre que de l'acide margarique. Ce

______

(1). Recherches sur les usages du suc pancreatique dans la digestion. — *Annales de Chimie*, t. XXV, 3e partie, 1846. — Cours de physiologie professes au collége de France, 1855-1856, 2 vol. in-8°.

qui est resté en solution dans l'alcool laisse, par évaporation, une matière blanche à reflets nacrés, qui n'est autre chose que de l'acide stéarique modifié. Il est permis de penser qu'il y a là un dédoublement de la graisse en acides gras et en glycérine, sous l'influence du ferment pancréatique qui, cependant, n'est pas basique mais faiblement acide.

Pour étayer cette hypothèse, il nous faut montrer :

1º Que toute autre substance organique, voire même la partie du suc pancréatique soluble dans l'alcool, ne peut acidifier les corps gras;

2º Evaluer par un procédé alcalimétrique, partant rendre sensible, la quantité d'acides gras mis en liberté.

3º Enfin, isoler la glycérine qui peut avoir pris naissance.

1º La pancréatine acidifie les corps gras. — Pour résoudre cette proposition, 3 grammes de la partie pancréatique soluble dans l'alcool furent mêlés avec 5 gr. d'axonge, le tout fut agité souvent, et cependant au bout de huit jours aucun signe ne rappelait l'action pancréatique sur le corps gras : point de dédoublement apparent ; l'eau ne s'y incorporait pas. A l'aide de l'éther je séparai la partie grasse de son milieu acide ; cette solution éthérée ne rougissait nullement le papier de tournesol. On ne peut donc attribuer ni à un corps organique, ni au temps, l'acidité du corps gras en présence de la pancréatine ; car dans ce cas, le mélange fut tenté huit jours en vain; tandis que sous l'action de la pancréatine, le phénomène se passe en peu d'heures, et le corps gras devient acide. Des physiologistes distingués (1) nient le dédoublement des graisses en acides gras et glycérine, s'appuyant sur ce que la graisse modifiée par le suc gastrique et saponifiée ensuite à l'aide de la litharge, abandonne de la glycérine. Ce résultat est exact, mais il ne permet point de conclure qu'il n'y a pas de dédoublement du corps gras; car il se peut très-bien que la quantité de pancréatine employée étant insuffisante, la partie modifiée de la graisse maintienne le reste en suspension. M. Béclard (2) et plusieurs physiologistes, s'appuyant sur des observations microscopiques, disent n'avoir jamais rencontré de savon dans les vaisseaux chylifères. La raison physiologique s'y oppose, ajoutent-ils, car là où débouche le canal

(1) MM. Bouchardat et Sandras. *Annuaire de thérapeutique*, 1845, Bidder et Schmitt, Frerichs. *Traité des maladies du foie*, trad franç. de Dumenil et Pellagot.

(2) J. Beclard, *Physiologie*, 6º cdition, p 119.

pancréatique, l'acidité provenant du suc gastrique, mêlé au chyme, est assez grande pour saturer facilement l'alcali libre du suc pancréatique. Le corps gras n'est pas saponifié, en effet, mais il est dédoublé en *acides gras émulsionnables et en glycérine*.

2° Évaluation des acides gras. — J'ai pu doser les acides gras qui se trouvaient mis en liberté dans un poids donné de graisse modifiée en opérant d'après le raisonnement suivant : il faut une certaine quantité de potasse pour saturer les acides libres dans un poids donné de graisse modifiée ; il faut une certaine quantité de potasse pour saponifier un même poids de graisse non modifiée. Or, si pour arriver à ce second résultat, il est nécessaire d'employer un poids de potasse double de celui employé dans le premier cas, j'en conclurai que la moitié du corps gras soumis à l'action de la pancréatine a été dédoublée en acides gras et en glycérine. Ceci posé, je pris 5 gram. d'un corps gras modifié et 5 gram. du même corps gras à l'état neutre. Je fis une solution titrée de potasse et une solution titrée d'acide sulfurique : un volume donné de la seconde saturait un volume donné de la première.

Tout étant ainsi préparé et mon corps gras modifié dissout dans l'éther, je colorai la solution avec le tournesol qui vira au rouge vineux ; je versai alors la liqueur de potasse jusqu'à ce que le mélange passât du rouge vineux à la teinte bleue du tournesol, et je m'assurai de ce résultat en y ajoutant une goutte d'acide sulfurique dilué, laquelle fit passer le tout au rouge pelure d'oignon. Je pris note du nombre de centimètres cubes de la solution de potasse.

D'autre part, je versai un volume déterminé de la solution alcaline dans les 5 gram. d'axonge et laissai la saponification s'effectuer à 45°. Après 48 heures, le savon formé fut dissout dans l'alcool et coloré avec le tournesol ; la solution titrée d'acide sulfurique fut alors ajoutée jusqu'à ce que la couleur bleue virât au rouge vineux. J'estimai sur la burette le volume de solution employée, j'en déduisis l'alcali resté libre au milieu du savon et par différence, l'alcali combiné. Je vis qu'en représentant par 100 le poids d'alcali nécessaire pour salifier tous les acides gras d'un poids donné de graisse, le poids d'alcali nécessaire pour salifier les acides libres dans un même poids de graisse modifiée était représenté par 52.

Plus de la moitié du corps gras avait donc été modifiée par la pancréatine et il n'en restait que 48 °/₀ indécomposé.

3° Constatation de la glycérine. — Enfin, après bien des essais j'ai pu isoler la glycérine du résidu aqueux de l'émulsion, en opérant de la manière suivante : je pris 7 gram. de ferment pancréatique précipité par l'alcool et mêlai la solution concentrée de celui-ci avec 30 gram. d'axonge ; le tout fut soumis environ 30 heures à une température de 40° en ayant soin d'agiter parfois et d'ajouter de l'eau. Je jetai l'émulsion étendue de beaucoup d'eau sur un filtre mouillé et la liqueur recueillie fut évaporée ; elle laissa un résidu poisseux, formé en grande partie par le ferment pancréatique, et partant insoluble dans l'alcool absolu qui cependant tenait dissout un mélange à réaction acide La solution étant filtrée et évaporée, le résidu fut repris par l'eau distillée et saturé par de la chaux ; la solution d'acide devint basique. Je crus avoir affaire à du lactate de chaux qui me masquait la glycérine. Pour m'en débarrasser, je versai une solution de sulfate de fer dans la liqueur ; il se forma ainsi du lactate de fer et du sulfate de chaux, tous deux insolubles dans l'alcool absolu. J'évaporai ma liqueur et repris le résidu par l'alcool, la solution filtrée était neutre ; évaporée doucement, elle laissa un liquide sirupeux ayant le goût caractéristique de la glycérine et tachant le papier comme elle. Je traitai une partie de cette glycérine par deux fois son volume d'acide sulfurique ; la liqueur brunit légèrement, mais ne se troubla point ; je saturai avec de la litharge l'acide sulfoglycérique formé, la liqueur devenue neutre fut étendue d'eau et filtrée ; je l'évaporai ; elle resta claire et limpide jusqu'à ce qu'enfin elle se caramélisa en répandant d'abondantes vapeurs d'acroléine.

Le corps gras modifié jouit de propriétés remarquables ; il est toujours miscible à l'eau, différent en cela des autres émulsions faites à l'aide de la gomme, du jaune d'œuf, etc., qui, si l'on en sépare le corps gras à l'aide de l'éther, le cèdent, mais ce dernier revenu à son état primitif, est incapable de se mêler à l'eau, à moins d'être de nouveau émulsionné.

Le corps gras qui a subi l'action de la pancréatine ne se conduit pas ainsi : si on le sépare de son émulsion à l'aide de l'éther, et si par une température de 45° on chasse ce dernier, le corps gras qui reste est de nouveau miscible à l'eau et susceptible de s'émulsionner. Ce traitement peut être recommencé plusieurs fois sans que la graisse modifiée perde cette propriété, qu'elle n'abandonne qu'à une température de 100° très-longtemps prolongée.

Malgré cette nouvelle propriété physique des acides gras, ils

paraissent n'avoir subi aucun changement chimique; ils semblent seulement avoir fixé un peu d'eau. En effet, si l'on prend
de l'acide oléique modifié, qui comme nous l'avons dit monte
à la surface de l'émulsion, et qu'après l'avoir filtré et obtenu
limpide on vienne à le soumettre à une température de 100°
prolongée au moins deux heures, on voit que son poids dimi-
nue d'une quantité notable; 30 gram. d'acide oléique modifié
ont ainsi perdu 0,40, tandis que l'huile d'œillette ordinaire,
placée dans les mêmes conditions, n'a pas changé de poids. Il y a
donc eu là de l'eau fixée sur le corps gras.

Ceci établi, voyons maintenant où se trouve la propriété
émulsive dans la pancréatine; cherchons si la partie active
réside dans la pancréatine complexe, ou dans la partie que
l'alcool dissout, ou bien enfin, dans le ferment que celui-ci précipite.

La pancréatine soluble dans l'alcool fut mêlée à de l'axonge
et aucune modification n'eut lieu; bien que la partie pancréatique fut en excès et que l'expérience ait duré huit jours,
il ne se fit ni dédoublement apparent du corps gras, ni absorption
d'eau, et le huitième jour, le corps gras, séparé de la liqueur
acide, lavé à l'eau, repris par l'éther, n'était point acide.

La pancréatine albuminoïde précipitée par l'alcool, ajoutée à
de l'axonge, émulsionne rapidement le corps gras, et le ferment
albuminoïde d'un gramme de pancréatine, c'est-à-dire 0,51, agis-
sent sensiblement avec autant de force que le gramme de pancréatine lui-même; au bout d'une heure, l'eau est absorbée facilement,
l'émulsion marche bien et le corps gras est acide.

On peut déduire de ces expériences que le principe actif de la
pancréatine, agissant sur le corps gras, est la partie albuminoïde que l'alcool précipite.

Le corps gras ainsi modifié pourrait rendre des services
dans les maladies de poitrine et du pancréas. M. Dobell, de
Londres, l'a préconisé, et beaucoup d'autres praticiens l'on
employé avec succès. M. Dobell, ayant remarqué que dans le cas
de turbercules aux poumons, il y avait affaiblissement de l'action
du pancréas sur les corps gras présentés à l'économie, pensa
que les huiles de foie de morue, d'ailleurs indigestes pour
beaucoup de malades, remplissent imparfaitement le but que
l'on se propose d'atteindre; souvent ces huiles ne sont pas digérées et se retrouvent en nature dans les selles, d'ailleurs elles
n'offrent pas la quantité de margarine et de stéarine nécessaire
à l'entretien des corps gras solides de l'économie.

Ce praticien essaya donc avec succès le corps gras modifié par la pancréatine, présentant ainsi à l'économie un aliment tout prêt à passer dans le torrent circulatoire.

Dans les maladies du pancréas, la pancréatine pourrait peut-être rendre de grands services, car dans l'*Union médicale*, n° 60, année 1869, deux cas de guérison de ces maladies sont cités comme ayant été obtenus à l'aide de l'extrait de pancréas, par le Dr Langdon Down (1). Enfin dans le n° 101 de l'*Union médicale*, année 1869, il est fait mention d'un mémoire présenté à l'école de médecine de Lyon par M. le Dr Chauvin (2), professeur de physiologie, où, en collaboration avec M. Morat, interne, il dit avoir obtenu de remarquables résultats, au point de vue clinique, à l'aide du jus et de l'extrait de pancréas.

(1) Garde-robes graisseuses; dépérissement et altération grave de la santé générale, après plusieurs traitements infructueux, administration de la pancréatine; guérison. — (Extrait du *Medical Press and Circular*, 24 mars 1869.)

(2) Sur l'action du suc pancréatique.

CHAPITRE III

ACTION DE LA PANCRÉATINE SUR LE PRINCIPE AMYLACÉ

MM. Bouchardat et Sandras ont démontré que le suc pancréatique transforme rapidement l'amidon en glucose. MM. Magendie, Rayer et Cl. Bernard (1) ont aussi reconnu ce fait, mais sans y attacher une grande importance.

M. Dunders prouva que sans la sécrétion pancréatique, la digestion des fécules serait incomplète. Après avoir pratiqué une fistule à l'origine de l'intestin grêle d'un chien, nourri de pain seulement, il observa que le chyme qui se présentait à l'orifice de la fistule contenait beaucoup d'amidon ; tandis qu'un chien de même taille, nourri de la même manière, n'en laissait apparaître aucune trace dans ses excréments.

J'ai donc été porté à étudier si la pancréatine jouissait des mêmes propriétés que le suc pancréatique. Un grand nombre d'expériences me permet d'établir qu'un gramme de pancréatine transforme 8 gr. 50 d'amidon en une liqueur qui ne bleuit pas par l'action du réactif à l'iodure de potassium iodé. La présence du sucre dans la liqueur est si évidente, qu'il suffit de la goûter ; la potasse et la liqueur de Bareswill viennent confirmer cette première présomption.

Pour répéter ces expériences, il faut d'abord transformer l'amidon en empois par la chaleur et laisser la digestion se faire à une température de 40° environ, prolongée pendant 2 ou 3 heures ; la perte de poids que l'amidon subit par la dessication est soigneusement notée, et le résidu, laissé sur un filtre taré, mis à sécher, est déduit du poids de l'amidon employé.

De même que pour l'émulsion des corps gras, j'ai cherché si la pancréatine albuminoïde, que l'alcool précipite, avait seule la

1. Recherches sur les usages du suc pancréatique — *Annales de Chimie*, XXV. 1846.

propriété de transformer l'amidon en glucose. Or, prenant de l'amidon en empois, j'ai vu que 0,51 de pancréatine albuminoïde, précipitée par l'alcool, rendaient solubles 7 gram. d'amidon et les transformaient en glucose; tandis que 1 gram. de la partie soluble dans l'alcool, après 4 heures de traitement, n'en rendait soluble que 1 gram. 60; encore, l'amidon soluble était-il à peine modifié, car la liqueur devenait violet rouge par l'iode; la potasse n'y déterminait qu'une légère teinte jaune paille.

Il ressort de ces expériences que la partie albuminoïde insoluble dans l'alcool est la seule active dans la transformation du principe amylacé en glucose; l'autre partie, soluble, ne doit sans doute son action, si faible d'ailleurs, qu'à son acidité et à une température de 40 à 45°, longtemps prolongée.

CHAPITRE IV

ACTION DE LA PANCRÉATINE SUR LES MATIÈRES AZOTÉES.

L'action du suc pancréatique acidulé sur les matières albu-minoïdes a été constatée en 1836 par MM. Purkinje et Pappen-heim. M. Corvisart, dans ces dernières années, a repris ces expé-riences et démontré le pouvoir digestif du suc pancréatique sur les matières azotées. M. Brinton(1) et surtout M. Meisner, répétant les expériences de M. Corvisart, a tour à tour employé le suc pan-créatique obtenu par fistule ou par infusion, et a constaté l'éner-gie de cette sécrétion sur les principes albuminoïde qu'elle dis-sout en les transformant en peptone. Il a surtout appelé l'at-tention sur une condition essentielle qui, venant à manquer, fut peut-être la source des contradictions qui se sont élevées sur le pouvoir digestif du suc pancréatique. En effet, s'il prenait du suc pancréatique naturellement alcalin, il arrivait que, parfois, les substances soumises à la digestion, passaient à la fermenta-tion putride, inconvénient qu'il évitait toujours en acidifiant légèrement le mélange. Du reste, ajoute-t-il, cela ne détruit en rien la réalité des observations faites sur le pouvoir digestif du suc pancréatique, car à l'endroit où le canal de Wirsung dé-bouche dans l'intestin grêle, celui-ci est abondamment lubréfié par un chyme mêlé de suc gastrique acide.

J'essayai donc l'effet de ma pancréatine sur les différentes matières azotées. Pour ces expériences, je procédais comme suit : si j'avais affaire à de la viande, je prenais toujours du tissu musculaire de bœuf, le plus riche et le moins gras; je l'employai haché; et comme moyen d'apprécier la quantité digérée, je fixai 1° le poids que laisse une quantité déterminée de la même

1. Observations on the action of the pancreatic juice on Albumen. — Dubl. *Quarterly Journal of Medical Science.* Août 1859.

viande séchée à 55°; 3 gram. donnent ainsi un résidu pesant sec 1 gramme.

2o J'établissais combien un certain poids de la même viande, épuisée par l'eau seule, donne de résidu sec : celui-ci, à l'aide de l'expérience ci-dessus, peut-être estimé à l'état frais. Je vis que 10 gram. de viande traités ainsi, laissent un résidu pesant sec, 2 gr. 06 qui, considéré frais, pèserait 6 gr. 18.

3° Prenant ensuite une quantité de pancréatine plus que suffisante pour épuiser un poids donné de viande, j'estimai par le résidu fibreux et graisseux désséché combien la viande hachée laissait de substance indissoute par la pancréatine; 25 gr. de viande laissent ainsi un résidu pesant 1 gr. qui lavé à l'éther, lui cède 0,50 de corps gras modifié et miscible à l'eau.

Ces expériences faites, je pus apprécier combien 1 gr. de pancréatine peut digérer de tissu musculaire. En prenant la moyenne de plus de dix opérations, je constatai que 1 gr. de pancréatine épuise complétement 20 grammes de tissu musculaire haché, et laisse un résidu sec pesant 0,80 qui, traité par l'éther, perd 0,40 d'un corps gras profondément modifié et miscible à l'eau.

J'ai parfois remarqué que la disgestion se faisait péniblement, la liqueur devenant limoneuse, l'odeur fétide et la filtration très-difficile. Me rappelant les observations de M. Meisner, je cherchai à me rendre compte de ce phénomène, et je fis simultanément deux expériences avec les mêmes matériaux : l'une fut laissée à elle-même, le mélange étant naturellement acide; et l'autre fut rendue faiblement basique. Or, la première opération marcha convenablement, la liqueur resta un peu acide, la digestion se fit très-bien; mais il n'en fut pas de même pour la seconde qui, avant une heure, devint visqueuse, prit une odeur fade et se couronna d'une mousse épaisse; trois ou quatre heures après, l'odeur était excessivement désagréable, la mousse très-abondante et la filtration extrêment longue et pénible. Il faut donc, comme on le voit, que le suc pancréatique soit neutralisé et même rendu acide pour qu'il remplisse bien son rôle : cette condition est toujours satisfaite dans le duodénum. Des expériences faites sur la fibrine et l'albumine elles-mêmes ne furent pas moins concluantes.

La fibrine employée était blanche, humide, mais fortement exprimée et ne mouillant pas le papier.

Pour évaluer le résidu laissé par la digestion, je suivis la marche indiquée plus haut pour le tissu musculaire. Je séchai un poids déterminé de fibrine et, d'après e poids du résidu sec, j'évaluai le dépôt fibrineux séché qui n'avait pas été digéré.

Je mêlai : 55ᵍʳ de fibrine,
        1   de pancréatine,
        0,05 d'acide tartrique,
        Eau distillée, Q. S.

Ce mélange resta trois heures à une température de 40 °, et quoiqu'il n'ait pas été agité, il était complétement liquéfié; une sorte de poussière tapissait le fond du vase; la réaction était à peine acide, le résidu sec revenait frais à 5 gr.; 50 gr. de fibrine avaient été digérés par 1 gr. de pancréatine. Quant à l'acide tartrique ajouté, je l'avais mis dans la crainte d'une fermentation putride; il n'eut aucune influence sur le résultat, car on sait que les acides ne dissolvent pas la fibrine. Huit gouttes d'acide pyroligneux ajoutées à 10 gr. de fibrine la gonflent, et celle-ci se comporte comme la gomme adragante en présence de l'eau; si l'on ajoute du liquide, le volume augmente toujours, mais l'espèce de gelée formée ne laisse rien passer au travers d'un filtre.

D'un autre côté, la pancréatine n'attaque pas moins vivement l'albumine d'œuf coagulée. En effet, je mélangeai 36,50 d'albumine coagulée avec 1 gram. de pancréatine, et j'ajoutai assez d'acide tartrique pour rendre le mélange faiblement acide; le résidu laissé sur le filtre pesait sec 0,66, ou considéré à l'état frais 3,10.

1 gram. de pancréatine digère donc 33,40 d'albumine fraîche.

La liqueur filtrée était limpide, sous l'influence de la chaleur le coagulum formé était faible, recueilli et pesé avec soin, il répondait à peine à la partie albuminoïde de 1 gr. de pancréatine. L'albumine était donc digérée, puisque sous l'influence de la digestion elle se transforme, comme l'on sait, en une substance isomère incoagulable par la chaleur et nommée peptone.

Il était naturel de rechercher si, dans la pancréatine, le ferment insoluble dans l'alcool est la seule partie active, ou s'il partage plus ou moins cette propriété avec la partie soluble.

L'expérience m'a montré que la pancréatine précipitée par l'alcool digère les principes azotés avec beaucoup de facilité, quoique proportion gardée, son action soit un peu inférieure à celle de la pancréatine ordinaire.

Quant à la partie soluble dans l'alcool, elle est inerte. et après le lavage à l'eau, le résidu, laissé par la viande ou l'albumine, est tel qu'il serait si l'on n'eût fait agir que cette menstrue.

Action sur les matières mixtes. — J'ai de même voulu me rendre compte de ce que pouvait faire la pancréatine agissant simultanément sur la graisse, l'amidon et les matières azotées. Or, il résulte de mes expériences que la pancréatine ne s'attaque pas particulièrement à l'un de ces corps, mais qu'elle les modifie tous avec une énergie proportionnelle à celle qu'elle déploie lorsqu'elle agit sur l'un d'eux séparément.

20^{gr} de tissu musculaire,
8 d'amidon,
10 d'axonge,
1 de pancréatine,

soumis pendant quatre heures à une température voisine de 40°, laissent un résidu pesant 13,50.

Les 10 gr. d'axonge qui y entraient sont à déduire, car ils sont modifiés et miscibles à l'eau; le résidu n'est donc plus que 3 gr. 50, en calculant ce que devrait laisser inattaqué 1 gr. de pancréatine agissant sur l'amidon ou sur le tissu musculaire seul; on voit que ce résidu devrait s'élever à 0,80. — 2 gr. 70 restent donc comme matière sèche inattaquée par la pancréatine. Or, dans ce résidu, l'iode décelle de l'amidon qui, estimé à 1,20, laisse pour le tissu musculaire 1,50 de résidu épuisé par l'eau seule, qui frais pèserait 7 grammes.

1 gramme de pancréatine a donc digéré:

13^{g1} de tissu musculaire,
6,80 d'amidon,
10 de corps gras.

CHAPITRE V

LES TRAVAUX DE M. LUCIEN CORVISART

J'en étais là de mes essais sur la pancréatine, lorsque j'étudiai les travaux de M. L. Corvisart, publiés dans les numéros 15, 16 et 19 de la *Gazette hebdomadaire de médecine* pour l'année 1857 (1), et dans les numéros 30, 32, 34 et 36, année 1860 (2).

Je fus justement découragé en pensant que mes essais pour isoler la pancréatine ne serviraient à rien.

Cependant je continuai mes études avec persévérance et répétais les expériences de M. Corvisart sans opérer, il est vrai, comme ce savant physiologiste, qui se servait des sucs digestifs eux-mêmes. Je [mis en expérience la pepsine pure préparée par M. Schweitzer de Brighton et la pancréatine préparée par moi.

Je vis qu'il n'existait aucune antipathie entre le ferment pepsique et le ferment pancréatique; en effet, deux solutions filtrées, de pepsine et de pancréatine mêlées ensemble, donnent une liqueur limpide, et, comme nous le verrons plus loin, la force digestive des deux ferments s'ajoute l'une à l'autre. C'est alors que me rappelant la propriété que possède la pancréatine d'être précipitée par les acides, je fis d'autres expériences d'après ce nouvel ordre d'idées. Les résultats obtenus me permettent d'établir que cette incompatibilité est causée par l'acidité trop grande de suc gastrique,

1. Sur une fonction peu connue du pancreas.
2. Fonction digestive energique du pancreas sur les aliments azotes.

ce qui n'est pas un cas rédhibitoire pour l'emploi de la pancréatine; car dans l'estomac, l'acidité du suc gastrique s'atténue et se répartit entre le bol alimentaire et les liquides absorbés. J'étais d'ailleurs guidé dans cette voie par les observations mêmes de M. Corvisart. En effet, il constate que quand le ferment pepsique acide domine, il détruit constamment le ferment pancréatique et agit seul, bien qu'ayant perdu une partie de sa force; que, lorsqu'on mélange du suc pancréatique fortement acide à du suc pancréatique alcalin, il se produit un trouble, puis un précipité floconneux rougeâtre.

Dans une expérience où il mit en présence de 13 gr. d'albumine cuite, 100 gr. de suc gastrique capables de digérer 5 gr. d'albumine, et 100 gr. de suc pancréatique capables de digérer 8 gr. d'albumine, le poids d'albumine digérée ne s'éleva qu'à 5 gr., c'est-à-dire qu'il était à peine supérieur à celui qu'aurait digéré la liqueur pepsique si elle avait été seule.

Dans une série de six expériences, où la quantité de suc gastrique va toujours en augmentant, la quantité de suc pancréatique restant constante, il trouve que justement là où il y a le plus de suc gastrique, la digestion est la plus imparfaite.

Dans une autre série de six expériences parallèles à celles-ci, mais où cette fois il laisse les deux ferments en contact pendant six heures, à la température de 40°, avant d'y ajouter la fibrine, M. Corvisart remarque que la digestion passe par les mêmes péripéties que dans la première série d'expériences, et que, de plus, le pouvoir digestif est beaucoup moindre que celui d'un mélange parallèle, où la fibrine a été mise en même temps que les ferments.

Or, il me sera facile d'expliquer ce phénomène en disant que la fibrine sature et dilue une partie de l'acide du suc gastrique, abaisse le titre du mélange et qu'alors une fraction seulement de la pancréatine est détruite.

D'après les données que je viens d'énoncer, je cherchai à obvier aux inconvénients signalés par M. Corvisart et à éviter cette antipathie entre les deux ferments.

J'eus alors l'idée de ne faire intervenir la pancréatine que lorsque la pepsine aurait en grande partie joué son rôle, et fis plusieurs séries d'expériences. Dans les unes, je mêlais de prime-abord la pepsine, la fibrine et la pancréatine; dans les autres, je n'ajoutais la pancréatine qu'après une heure de digestion, ou immédiatement, mais sous forme de pilules enrobées de cire que j'avais reconnues ne se désagréger qu'après une heure et demie.

Voici les résultats moyens de trois séries d'expériences.

I. — 0,50 de pancréatine,
　　30　　de fibrine.
Le mélange étant rendu acide au tournesol :
　　28ᵍʳ de fibrine digérée.

II. — 0,50 de pepsine,
　　30　　de fibrine.
Le mélange étant rendu acide au tournesol :
　　20ᵍʳ de fibrine digérée.

III. — 0,50 de pancréatine,
　　0,20 de pepsine,
　　25　　de fibrine.
Le mélange étant rendu acide au tournesol ·
　　24ᵍʳ de fibrine digérée.

IV—0,25 de pepsine { Après 2 h. de
　　25　　de fibrine. { digestion.
J'ajoutai : 0,25 de pancréatine.
Le mélange étant rendu acide au tournesol :
　　20ᵍʳ de fibrine digérée.

V. — 0,25 de pancréatine *en 2 pilules*,
　　0,25 de pepsine,
　　25　　de fibrine.
Le mélange étant rendu acide au tournesol :
　　24ᵍʳ de fibrine digérée.

VI.—0,25 de pancréatine *en 2 pilules*
　　0,25 de pancréatine,
　　25　　de fibrine.
Le mélange étant rendu acide au tournesol :
　　24ᵍʳ de fibrine digérée.

Les expériences I et II me servaient de crytérium pour juger les différences d'action que pouvaient subir les deux ferments mélangés.

Dans l'expérience III, où les ferments mélangés sont tout d'abord ajoutés à la fibrine, nous voyons que les 24 gr. de fibrine digérée se rapprochent sensiblement de 24,25, poids qu'auraient digéré 0,25 de pepsine et 0,25 de pancréatine agissant séparément.

Dans l'expérience V, semblable à la précédente, si ce n'est cependant que la pancréatine y est introduite en pilules, les résultats sont les mêmes.

Dans l'expérience IV, 0,25 de pancréatine ne sont ajoutés à un mélange de 0,25 de pepsine et 25 gram. de fibrine qu'après deux heures de digestion, et il n'y a que 20 gr. de fibrine digérée. On peut attribuer cette diminution de force à une durée digestive moindre.

Dans l'expérience VI où 0,25 de pancréatine libre et 0,25 de pancréatine en pilules se trouvent en présence de 25 gram. de fibrine, il n'y a que 24 gr. de fibrine digérée; tandis que dans les conditions de l'expérience I, il y en aurait eu 28 gr. Cela tient sans doute à ce que la digestion a été retardée par la forme pilulaire : une pilule ne commençant à se désagréger qu'après une heure et demie.

Bien que ces expériences paraissent très-satisfaisantes, je ne leur
accorde pas une importance absolue attendu que la fibrine n'est
pas entièrement passée à l'état de peptone; il se trouve dans
toutes ces expériences beaucoup de fibrine caséiforme. Cette matière est coagulable par la chaleur et par l'alcool, mais dans ce
dernier cas, elle jouit de la propriété de se redissoudre dans l'eau.
C'est pourquoi, je fis une série d'expériences sur de l'albumine
d'œuf qui est plus compacte, moins facilement soluble, et qui
passe presque entièrement à l'état de peptone; sans doute parce
que le ferment, après avoir liquefié un peu de cette albumine,
trouve plus facile de transformer celle-ci en peptone que de
liquéfier une nouvelle partie d'albumine.

I. — Je mis .   1^{gr} de pancréatine en contact avec
            30   d'albumine coagulée.

Le résidu sec pesait, 0,37 soit frais 2 gr. 06, dans ce cas 1 gr. de pancréatine digére donc 27,94 d'albumine.

II. — Je mis :   1^{gr} de pepsine,
            30   d'albumine coagulée.

Le résidu sec pesait, 2,34 soit frais 13 gr. dans ce cas 1 gr. de pepsine
digère donc 17 gr. d'albumine.

III. — Je mis·   0,50 de pancréatine,
             0,50 de pepsine,
            30   d'albumine.

Le résidu sec pesait 1,47, soit frais 7,86. — 0.50 de pepsine et 0,50
de pancréatine digèrent donc 22,20 d'albumine.

Dans l'expérience III, les deux ferments avaient été dissous et
filtrés séparément, puis mêlés; la liqueur était limpide; je la laissai une heure à l'étuve avant d'y ajouter l'albumine. Cependant
si l'on cherche à se rendre compte de l'action de chaque ferment
en particulier, on voit que chacun d'eux a agi comme s'il était
seul. En effet, d'après l'expérience I, — 0,50 de pancréatine digèrent 13,97 d'albumine. D'après l'expérience II, — 0,50 de pepsine
digèrent 8,50 d'albumine ; si on additionne ces deux demi-diges-
tions, on voit que la somme d'albumine digérée, 22, 47, est
sensiblement égale à celle que les deux ferments ont produit
en agissant simultanément dans l'expérience III.
Il était donc établi pour moi, que les deux ferments ne sont

pas incompatibles entre eux, mais que la pancréatine est plus ou moins précipitée en présence des mélanges pepsiques naturels ou des acides. Il s'agissait maintenant de déterminer jusqu'à quel point une liqueur pouvait être acide sans nuire au ferment pancréatique, et enfin si dans l'estomac, au milieu du chyme produit, après deux heures de digestion, la pancréatine pouvait jouer son rôle.

Je commençai par faire des milieux plus acides que dans les expériences ordinaires.

> Je mêlai : 25^{gr} de fibrine,
>   0,50 de pancréatine,
>   3 gouttes d'acide acétique,
>   13^{gr} d'eau distillée.

Le résidu sec pesait 0,30, soit frais 0,87. — 0,50 de pancréatine avaient digéré, 24, 13 de fibrine.

Dans une expérience parallèle,

> Je mêlai : 25^{gr} de fibrine,
>   0,50 de pancréatine.
>   8 gouttes d'acide acétique,
>   13^{gr} d'eau distillée.

Le résidu sec pesait 0,73, soit frais 2,11. — 0,50, de pancréatine avaient digéré 22,89 de fibrine

La première expérience marcha plus vite que la seconde; la fibrine disparut plus rapidement, mais au moment de filtrer, la différence était peu sensible. Nous voyons déjà qu'un milieu plus ou moins acide influe sur l'action de la pancréatine, mais ne l'anéantit pas toujours complètement. Il fallait maintenant connaître l'acidite du chyme stomacal pour décider si le ferment pancréatique introduit dans l'estomac était complètement détruit par une acidité trop grande. La chose était délicate et difficile; je résolus le problème de la manière suivante : Une pauvre jeune fille de vingt ans, atteinte d'une affection carcinomateuse du bras, entra dans le service de M. Maisonneuve vers le 15 avril 1870. Le mal fit des progrès rapides; sa santé s'altérait de jour en jour, et la pauvre enfant rejetait souvent son léger repas après une heure ou deux. Je recueillis ses déjections; elles étaient aqueuses, le vin les avait fortement colorées ; on y reconnaissait

encore des débris de pain; je filtrai cette liqueur, et à l'aide d'une
solution de soude titrée, contenant 3,068 d'oxyde de sodium,
NaO. dans 200^{cc}, j'en estimai l'acidité. La liqueur chymeuse requé-
rait 9^{cc} 22 de cette liqueur normale de soude; ceci connu, je fis
une solution d'acide tartrique en proportions telles que 100^{cc}
avaient la même acidité que 300^{cc} de liqueur stomacale. Je fis
alors les expériences suivantes ;

> Je mélai   12,50 de fibrine,
>   0,25 de pancréatine,
>   10   de liqueur tartique,
>   10   d'eau distillée.

Ce volume d'environ 30^{cc} avait la même acidité que 30^{ce} de liqueur
stomacale. Le résidu sec pesait 0,35, soit frais 0,90, — 11, 60 de fibrine
avaient été digérés; 1 gr. de pancréatine dans ce milieu acide digérait
donc 46, 40 de fibrine.

Dans une autre expérience,

> Je pris ·   0,50 de pancréatine,
>   15   d'albumine cuite,
>   10   de liqueur tartrique,
>   10   d'eau distillée.

Ce volume était encore environ 30^{cc}, le résidu sec pesait 0,44, soit
frais 2,46; — 1 gr. de pancréatine, dans ces conditions, digérait donc
25,08 d'albumine au lieu de 30 gr. qu'il aurait digéré dans un milieu
moins acide.

Ces expériences me parurent concluantes, mais on pouvait y
objecter l'état de délabrement d'un estomac épuisé par la ma-
ladie et prétendre que cette digestion stomacale n'avait peut-
être pas le degré d'acidité voulu. Ne trouvant personne de bonne
volonté pour une contre-épreuve, je m'exécutai moi-même.
Je pris mon repas ordinaire du soir, de cinq heures et demi à
six heures ; à huit heures, je m'administrai de l'ipécacuanha dans
du sirop; à huit heures et demie, sans avoir avalé d'eau,
j'obtins environ un kilogr. d'une matière chymeuse où l'on reconnaissait encore les débris des aliments absorbés. L'albumine
contenue dans la liqueur chymeuse était en partie précipitable
par l'alcool et resoluble dans l'eau; l'alcool séparé passait au
rose en y versant deux gouttes du réactif de Longet : il con-

tenait donc de la peptone. Le résidu desséché, épuisé par l'éther, donna une graisse de couleur ambrée, soluble en partie dans l'alcool, qui l'abandonnait par évaporation; il y avait là commencement de digestion du corps gras.

Je fis trois parts du produit : l'une fut mise à filtrer telle quelle ; je doublai le volume de la deuxième en y ajoutant de l'eau distillée et je filtrai ; la troisième partie fut mise à part, je la destinai à me donner l'acidité propre d'un volume donné de digestion chymeuse.

100cc de liqueur stomacale furent saturés par 12cc de liqueur de soude normale.

La deuxième liqueur, proportions gardées, me donna la même capacité acide.

100cc de matières chymeuses, liquide et solide, furent saturés par 9cc 4 de liqueur de soude normale. Ma liqueur tartrique précédente me servit encore à faire de nouveaux milieux de digestion, seulement il fallait élever la dose ; j'arrivai très-simplement à calculer que pour une acidité équivalente à celle de 300cc de liqueur stomacale, il fallait employer 130cc 14 de liqueur tartrique, et pour une acidité équivalente à 300cc de parties chymeuses, il ne fallait que 101cc 80 de liqueur tartrique. On voit par ce qui précède que l'acidité du chyme stomacal, chez un individu sain, est plus grande que dans le cas de notre jeune malade; cependant l'expérience va nous montrer que la pancréatine n'en conserve pas moins la plus grande partie de son activité.

Si, à de la liqueur chymeuse, on ajoute une solution filtrée de pancréatine, un léger trouble se produit ; versant un peu de cette liqueur dans un tube à expérience et portant à l'ébullition, on voit d'abondants flocons se former encore, la pancréatine n'est donc pas détruite.

Muni de tous ces renseignements j'exécutai les digestions suivantes :

1° Je fis d'abord une expérience-type, que j'acidulai très-faiblement, afin d'établir ce qu'un gramme de pancréatine, dans le même temps et les mêmes circonstances que les expériences suivantes, pouvaient digérer

Je pris :   0,50 de pancréatine,
         20   d'albumine,
         30   d'eau légèrement acidulée.

Le résidu pesait ici 0,60, considéré frais 3,20 ; — 1 gr. de pancréatine, avait donc digéré 33, 60 d'albumine.

2° Je fis un mélange qui, à volume égal, avait la même acidité
que la masse chymeuse ; pour cela,

Je mélai :   0,50 de pancréatine,
             20   d'albumine cuite,
             30   d'eau acidulé. . . . . { 16,90 liqueur tartr.
                                          { 13   eau distillée.

Le résidu sec pesait 1,56, soit frais 8,18 ; — 1 gr. de pancréatine, dans
ces circonstances, peut donc digérer 22, 65 d'albumine.

3° Je fis un troisième mélange où je mis la pancréatine et l'albumine directement dans la liqueur stomacale elle-même.

              0,50 de pancréatine,
              20   d'albumine,
              30   de liqueur stomacale.

Le résidu sec pesait 1,43, soit frais 7,55 ; — 1 gramme de pancréatine,
dans ce milieu presque naturel, digère 25,90 d'albumine, c'est-à-dire
1 25 de plus que dans le milieu précédent, ne contenant pas de liqueur
gastrique.

Voilà une expérience qui certainement se trouve dans des
conditions très-rapprochées de l'estomac et bien voisine de la
précédente. Nous voyons que le ferment gastrique qui se trouve
dans cette liqueur bien loin de détruire le ferment pancréatique,
semble l'aider au contraire, en agissant pour son compte ; seulement, comme dans l'expérience précédente, l'acidité du milieu
altère une faible partie de la pancréatine.

Mais, pourra-t-on m'objecter, vous prenez un volume d'eau
donné, d'une acidité donnée, pour préparer vos milieux ; les digestions ne sont pas si régulières que cela. Deux cas, il est vrai, peu-
vent se présenter : 1° le volume du liquide peut augmenter et,
remarquez que dans ce cas, l'acidité doit diminuer ; cependant je
ne prendrai pas cet avantage et je me contenterai de faire un
milieu, où le volume du liquide acide est doublé ; le mélange est
alors presque fluide. 2° L'acidité de la matière chymeuse peut être
plus grande ; remarquez qu'une expérience précédente avait été
faite avec une liqueur stomacale moins acide, et que celle-ci,

obtenue sur moi dans des rapports de santé et de digestibilité très-satisfaisants, me paraît représenter une bonne condition moyenne.

Cependant, augmentons l'acidité et faisons en sorte que 50^{cc} du mélange digestif aient une acidité égale à celle, non pas de 50^{cc} du milieu chymeux, la partie serait trop belle, mais de 50^{cc} de liqueur stomacale.

4º Je mêlai donc :   0,50 de pancréatine,
                20   d'albumine cuite,
                30   d'eau acidulée. . . $\left\{\begin{array}{l}\text{21,68 de liqueur tartrique,} \\ \text{9}^{gr}\text{ d'eau distillée.}\end{array}\right.$

Le résidu sec pèse 1,78, soit frais 9,93, — 1 gr. de pancréatine digère donc, dans ce milieu, 20, 44 d'albumine.

Voyons maintenant le premier cas, celui où le volume du liquide acide est doublé, sa force restant proportionnellement la même.

5º Je mêlai donc :   0,50 de pancréatine,
                20   d'albumine.
                60   d'eau acidulée comme un $\left\{\begin{array}{l}\text{20,36 liqueur tartr.} \\ \text{40}^{gr}\text{ d'eau distillée}\end{array}\right.$ même volume de matière chymeuse,

Le résidu sec pesait 1,70, soit frais 8,89 ; — 1 gr. de pancréatine, dans ces circonstances, digère donc encore 22,22 d'albumine.

6º Je fis une autre expérience dans laquelle 1 gr. de pancréatine et 40 gr. d'albumine furent mis en contact au sein de 1000^{cc} d'une liqueur ayant l'acidité du chyme ; il y eut encore 15, 40 d'albumine digérée.

7º Enfin, je fis une dernière expérience tendant à établir que la liqueur stomacale contenait du suc gastrique ; pour cela,

            Je mis :   10^{gr} d'albumine dans
                       40   de liqueur gastrique.

Le résidu sec pesait 1,12, soit frais 6,22 — 3,78 d'albumine avaient disparu, attaqués sans doute par le ferment pepsique qui se trouvait dans la liqueur stomacale. Il est bon de dire cependant que l'eau employée en lavage sur de l'albumine ordinaire lui fait perdre un peu de son poids. Si l'en tient compte de cette perte il n'y aurait que 2,37 d'albumine digérée par les 40 gram. de suc gastrique.

Conclusions. — Nous voyons par conséquent que dans les conditions où se trouve l'estomac, après deux heures de digestion, si l'on vient à administrer de la pancréatine, elle perd bien un peu de son activité, mais conserve une énergie très-grande, puisque si dans les conditions les plus favorables (exp. 1), 1 gr. de pancréatine digère 33,60 d'albumine, dans des conditions voisines de celles de l'estomac (exp. 2), 1 gr. de pancréatine digère 23,65 d'albumine, et dans les conditions les plus défavorables, (exp. 5). 1 gram. de pancréatine digère encore 22,22 d'albumine.

Dans l'expérience, 4, 1 gram. de pancréatine digère 20,14 d'albumine et dans l'expérience 6, la même quantité de pancréatine digère 15,40 d'albumine.

La pancréatine qui fut employée dans ces expériences est de la pancréatine pure, c'est-à-dire ne laissant pas de résidu; tandis que la pancréatine ordinaire contient 10 0/0 de matières étrangères.

La pancréatine peut donc être administrée comme la pepsine; mais il faut avoir soin de n'en faire usage que deux heures après le repas, et pour qu'elle arrive intacte dans le duodénum on pourrait alors la faire absorber sous forme de pilules recouvertes de Margarine qui en ne se désagrégeant qu'au bout d'une heure et demie environ, arriveraient avec le chyme dans l'intestin grêle.

APPENDICE

EMPLOI DU RÉACTIF DE LONGET, POUR ESTIMER LES DIFFE-
RENTES TRANSFORMATIONS QUE SUBISSENT LES MATIÈRES
ALBUMINOIDES SOUS L'INFLUENCE DES FERMENTS PANCRÉA-
TIQUE ET PEPSIQUE. — ÉTUDE RAPIDE DES VARIÉTÉS D'AL-
BUMINE.

Le réactif de Longet, c'est-à-dire la liqueur cupro-potassique,
en présence du sucre interverti, peut être employée pour déceler
la présence de la peptone dans une liqueur; mais ce réactif ne
donne pas des caractères tellement nets que les substances albuminoides, plus ou moins modifiées sous l'influence de la
digestion, que l'albumine elle-même, ne présentent, quoique à un
degré moindre, des caractères qui se rapprochent de ceux four-
nis par la peptone.

Aussi, comme nous allons le signaler, faut-il avoir étudié
les résultats comparés, donnés par ce réactif, pour tirer des conclusions.

Le caractère donné par Longet de la peptone, c'est qu'en
sa présence le sucre interverti ne réduit plus la liqueur cupro-
potassique. Mais un caractère plus certain, selon moi, est celui-
ci : *La peptone est soluble dans l'alcool et, dans ce cas, une goutte
ou deux de liqueur cupro-potassique colorent la solution en rose-
groseille par transparence.*

Albumine d'œuf. — Si, dans une solution d'albumine au
huitième, on verse de la liqueur de Fehling, la coloration bleue
des premières gouttes tire légèrement au violet; si on ajoute
alors une solution contenant du sucre interverti, l'oxidule de
cuivre hydraté se précipite, il reste jaune de chrome, et si léger,
qu'il ne se dépose qu'après un temps très-long.

Si l'on porte à 100° une solution d'albumine au 25°, la liqueur
filtrée est légèrement opaline; cependant elle est incoagulable
par la chaleur. Quand on y ajoute de la liqueur de Fehling, elle
passe faiblement au violet; vient-on à y ajouter du sucre interverti, il se fait encore un précipité jaune, très-léger et très-
abondant.

Si l'on vient à précipiter l'albumine d'œuf par l'alcool, le précipité, recueilli, lavé à l'alcool, exprimé, puis redelayé dans l'eau, donne une liqueur filtrée limpide; la chaleur, les acides n'y déterminent aucun coagulum. — *Une goutte de liqueur de Fehling dans la liqueur alcoolique reste bleue.*

Tels sont les caractères de l'albumine d'œuf. Elle est coagulable par la chaleur et l'alcool, et alors insoluble dans l'eau; la teinte de la liqueur de Fehling y est à peine modifiée.

Albumine de viande. — Etudions maintenant la partie albuminoïde (plasma) que l'eau enlève au tissu musculaire frais.

La viande hachée, épuisée par l'eau, donne une solution rougeâtre qui est en partie coagulable par la chaleur. Les premières gouttes de liqueur de Fehling foncent la teinte; si on vient à ajouter du sucre interverti, il se forme, comme précédemment, un précipité jaune très-léger ; mais si le réactif de Longet est en trop faible quantité, par rapport à la solution, il n'y a pas de précipité sensible d'oxidule de cuivre; la coloration de la liqueur passe au rouge-brun. — *L'alcool précipite le plasma musculaire ; il se recolore en bleu si on y ajoute une goutte ou deux du réactif de Longet : c'est la myosine.*

Le précipité lavé à l'alcool, exprimé, repris par l'eau, lui cède une faible quantité d'albumine soluble que l'on y reconnaît par la chaleur; presque toute l'albumine reste d'ailleurs sur le filtre. — Il y a là cependant un peu d'albumine soluble, différente de l'albumine d'œuf, mais pas de peptone.

Albumine pancréatique ou **pancréatine.** — Si, à la solution de pancréatine, on ajoute goutte à goutte du réactif de Longet, la liqueur passe du rouge-groseille par transparence au rouge-vineux, surtout si la solution est très-concentrée. Dans ce cas, vient-on à ajouter goutte à goutte du sucre interverti, la teinte groseille par transparence passe à la couleur cannelle, et il se forme quelques flocons à peine sensibles.

La teinte rouge-groseille devient mauve si l'on ajoute quelques gouttes de liqueur de Fehling en plus, dans ce cas le sucre interverti y détermine un précipité jaune très-léger et très-abondant.

Si, préalablement, on a séparé de la liqueur, l'albumine coagulée par la chaleur, la liqueur filtrée se comporte comme ci-dessus.

L'albumine pancréatique, précipitee par l'alcool, présente les mêmes caractères, mais à un degré moindre.—*L'alcool qui a servi*

*à la précipitation du ferment, devient rose-groseille, sous l'influence
du réactif.*

Il y a donc un rapport intime entre la partie albuminoïde de
la pancréatine coagulable par l'alcool et la partie soluble dans
l'alcool ; celle-ci est formée en grande partie par la peptone.

Etudions enfin les caractères des solutions résultant de l'action
de la pancréatine et de la pepsine sur les matières albuminoïdes ;
tissu musculaire, fibrine, albumine d'œuf.

Tissu musculaire modifié par la digestion — Je fis une
digestion artificielle avec :

0,50 de pancréatine,
10   de tissu musculaire.

La liqueur filtrée, portée à 100°, donne lieu à un léger coagulum ; la liqueur coagulée, ou non coagulée, présente des caractères semblables à ceux donnés par la pancréatine, mais ils appa-
raissent avec plus d'intensité. En effet, si dans cette liqueur on
verse goutte à goutte le réactif de Longet, on peut continuer
quelque temps, la liqueur va toujours se colorant en rose et enfin
prend une teinte rouge foncé par transparence ; si alors on ajoute
du sucre interverti avec ménagement, la teinte passe au rouge
acajou sans précipité.

Vient-on à répéter l'expérience jusqu'à ce que la teinte rouge
passe au bleu-violet, le sucre interverti modifie cette couleur et
la fait passer au rouge terne, pelure d'oignon, sans précipité de
cuivre. Enfin, si la liqueur digérée est en quantité si faible dans
le réactif de Longet, que la teinte n'en soit pas sensiblement modifiée, il se fait un précipité jaune très-léger, très-abondant, en
présence du sucre interverti.

L'alcool qui sert à la précipitation de l'albumine contenue encore dans la liqueur digérée, se colore en rose-groseille par l'addition du réactif de Longet. Il y a donc là une albumine nouvelle, formée par l'action de la pancréatine ou de la pepsine sur
l'albumine solide et liquide de la viande : c'est la peptone.

Fibrine modifiée par la digestion. — Dans une autre digestion artificielle je mis en présence :

0,50 de pancréatine,
30   de fibrine.

Le mélange digéré occupait 60cc, la chaleur faisait naître dans
ce liquide d'abondants flocons d'albumine ; l'alcool la précipi-

tait abondamment, mais dans ce cas le coagulum était aux trois quarts résoluble dans l'eau, laissant un faible résidu de consistance de térébentine.

La liqueur coagulée, ou non coagulée, présente avec le réactif de Longet les mêmes caractères décrits plus haut dans la digestion musculaire.

La coloration passe du rose au rouge vineux, puis devient mauve ; pour arriver à ces teintes, la quantité de liqueur bleue est relativement assez considérable ; dans ce cas le sucre interverti fait virer la teinte au jaune acajou sans précipitation ; mais si la liqueur digérée est en si faible quantité que la teinte bleue ne soit pas sensiblement altérée, il se forme sous l'influence du sucre interverti un précipité jaune très-léger et très-abondant.

La partie coagulable, lavée à l'eau bouillante et redissoute dans une liqueur alcaline, passe vite au rouge-violet par transparence, sous l'influence de la liqueur bleue, mais alors le sucre y détermine un précipité jaune, abondant ; pour qu'il n'y ait pas précipitation, il faut que, relativement, la quantité du réactif soit très-faible.

Si la liqueur a été précipitée par l'alcool, celui-ci ne retient pas trace d'albumine ordinaire ; mais *sous l'influence du réactif de Longet, il rougit, signe caractéristique de la peptone.*

L'albumine, précipitée, lavée à l'alcool, exprimée, se redissout en grande partie, comme nous l'avons dit plus haut, et ainsi dissoute se coagule sous l'influence des acides et de la chaleur. La liqueur non coagulée, ou séparée du coagulum, devient rose, par transparence sous l'influence du réactif de Fehling ; dans ce cas, le cuivre n'est pas précipité ; un peu plus de réactif fait virer la teinte au violet, alors le sucre interverti y détermine un précipité jaune abondant ; le coagulum ainsi formé une deuxième fois, redissout dans une liqueur alcaline, se colore encore en rose sous l'influence de très-peu de liqueur bleue ; le cuivre y est précipité par le sucre interverti.

Albumine d'œuf modifiee par la digestion. — Tous les caractères énoncés ci-dessus se reproduisent pour les digestions d'albumine d'œuf ; seulement, l'albumine caséiforme de M. Mialhe, précipitable par l'alcool et soluble dans l'eau, ne s'y rencontre qu'en très-faible quantité ; presque toute l'albumine dissoute est passée à l'état de peptone.

Nous voyons pas ces expériences que les matières albuminoïdes réagissent toujours sur le réactif de Longet, mais d'une manière plus ou moins tranchée, suivant l'état de l'albumine que l'on essaie.

Ainsi une solution d'albumine d'œuf, coagulable par l'alcool et la chaleur, insoluble dans l'eau, change à peine la teinte des premières gouttes de la liqueur de Fehling; cependant cette teinte tend vers le violet et le sucre précipite l'oxyde de cuivre en jaune.

L'albumine, ou plasma de la viande fraîche, se comporte sensiblement de la même manière, cependant il y a là une minime quantité d'albumine coagulable par l'alcool, soluble dans l'eau.

L'albumine d'œuf coagulée, sous l'influence de la digestion, passe presque complètement à l'état de peptone, incoagulable par la chaleur ou l'alcool; la liqueur de Fehling s'y colore en rose, rose foncé, rouge vineux par transparence, et ce n'est que lorsque la teinte bleue reparaît pure, que le sucre interverti précipite l'oxydule de cuivre en jaune. L'alcool ajouté à la liqueur se colore en rose sous l'influence de la solution cupro-potassique. Le peu d'albumine précipitable, jouit des mêmes propriétés que ci-dessus, mais à un moindre degré.

L'*albumine digérée* de viande fraîche ou de fibrine présente les mêmes caractères que la peptone; seulement dans les liqueurs digérées se trouve plus d'albumine caséiforme qui agit aussi sur le réactif de Longet, mais avec moins d'intensité; la partie soluble dans l'alcool comprend toute la peptone et la solution se colore en rose-groseille sous l'influence de la liqueur de Fehling.

D'après ceci nous voyons les albumines les plus diverses se ranger en trois catégories :

1° Albumine ordinaire coagulable par la chaleur et l'alcool, insoluble dans l'eau, à peine sensible au réactif de Longet.

2° Albumine modifiée ou myosine, existant en faible proportion dans le tissu musculaire, coagulable par l'alcool, mais résoluble dans l'eau, assez sensible au réactif de Longet;

3° Albumine complètement modifiée ou peptone, incoagulable par la chaleur ou l'alcool, soluble dans l'eau, très-sensible au réactif de Longet, qui en colore la solution alcoolique en rose.

FIN

Poissy. — Typ. de S. Lejay et Ce.